Weltraum Malbuch für Kinder

Fantastisches Weltraum Malbuch mit Astronauten, Raumschiffen, Raketen und Planeten für das Sonnensystem der Kinder

Copyright © 2019 von Little Eye Twinkle. Alle Rechte vorbehalten.

Kein Teil dieses Buches darf ohne schriftliche Genehmigung des Autors in irgendeiner Form oder auf elektronischem oder mechanischem Wege, einschließlich Informationsspeicher- und -abrufsystemen, reproduziert werden, mit Ausnahme der Verwendung kurzer Zitate in einer Buchbesprechung

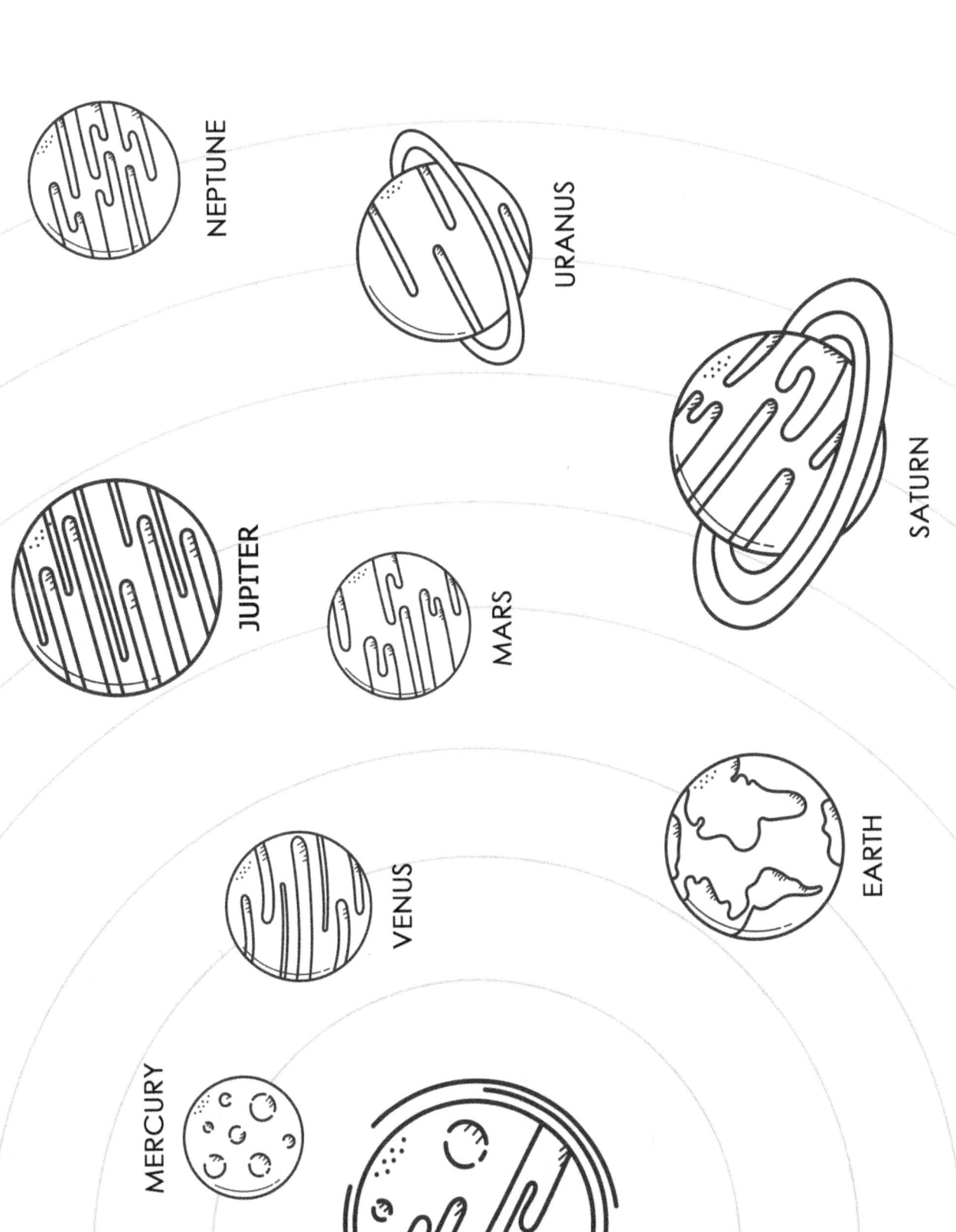

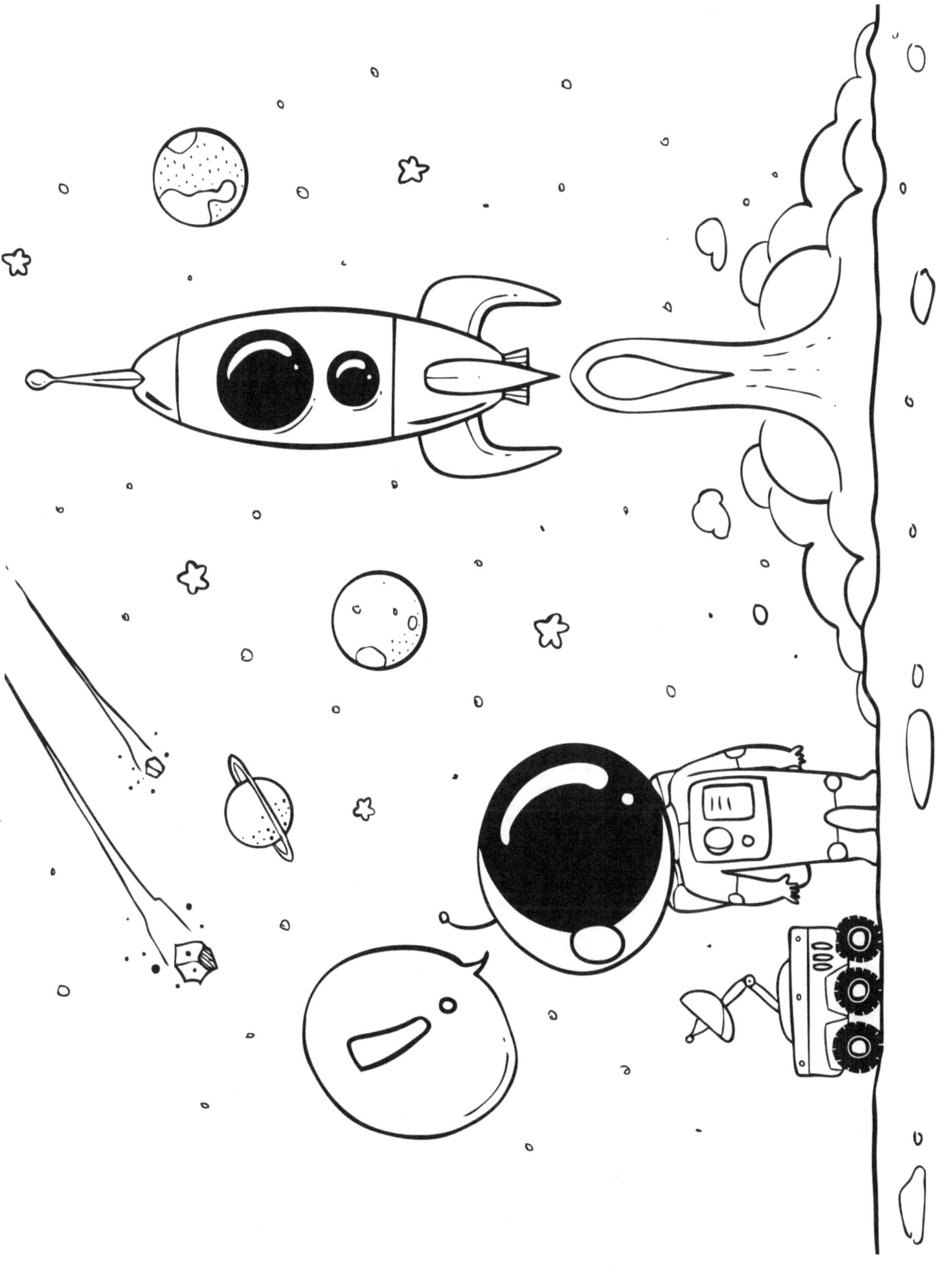

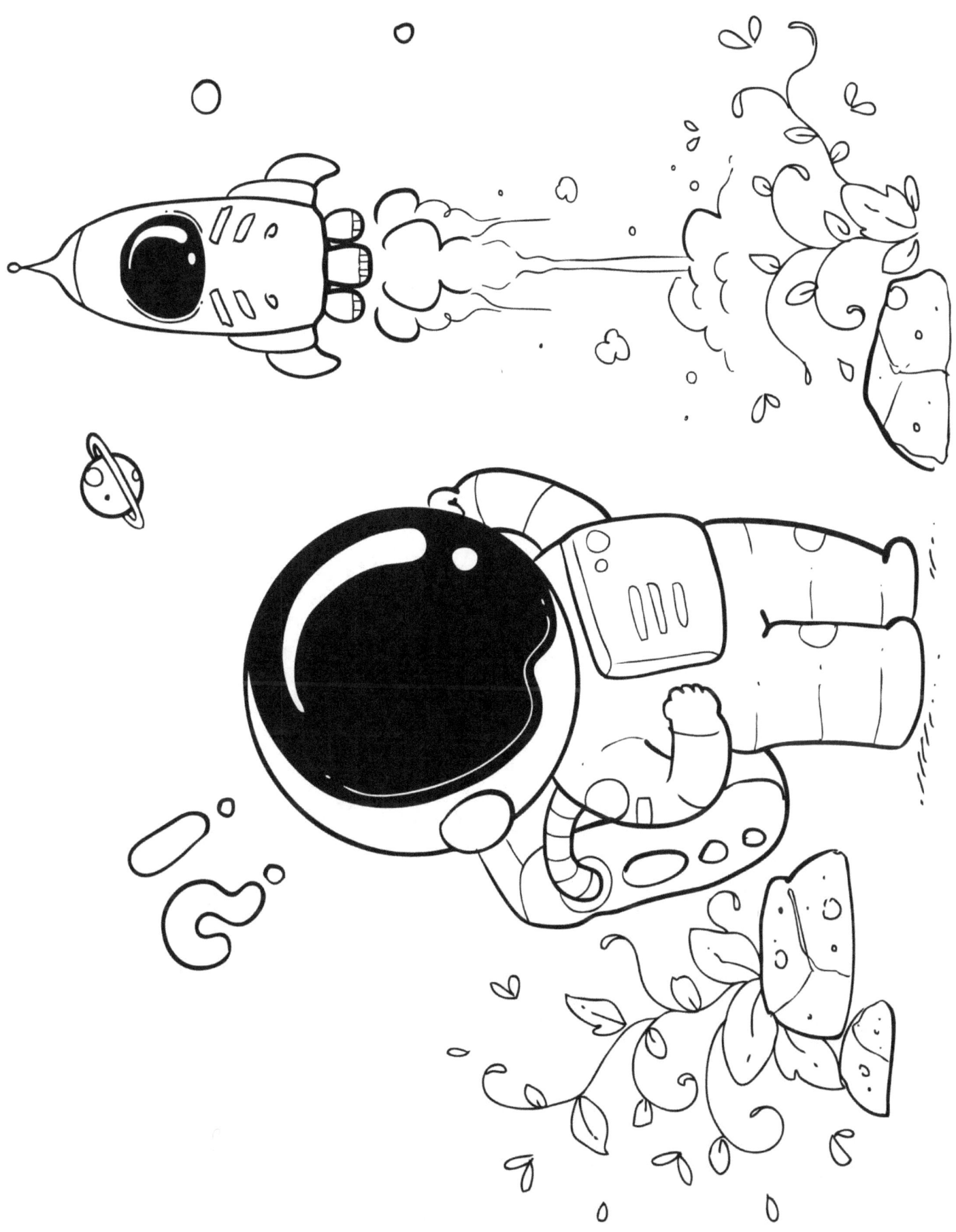

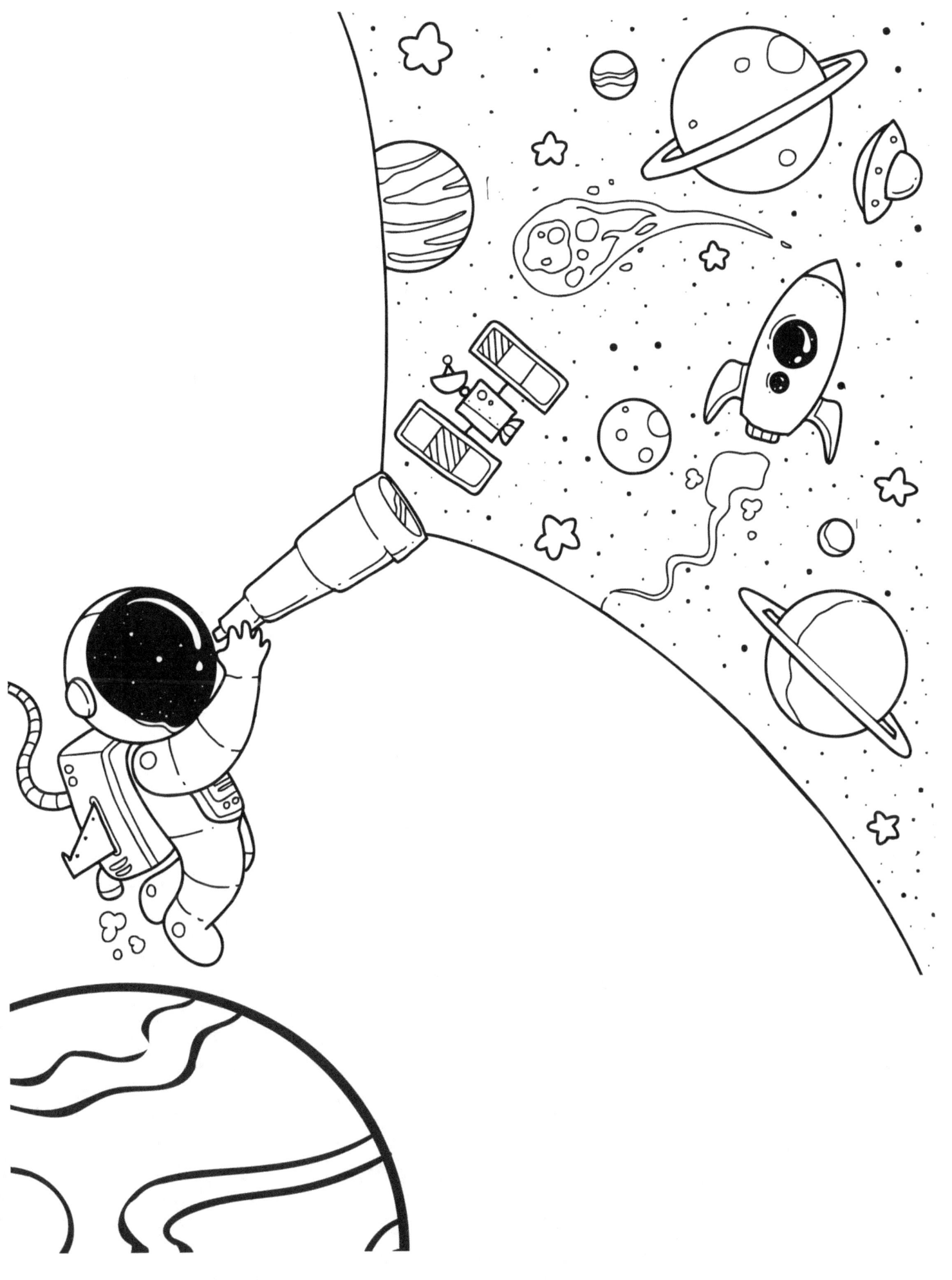

www.ingramcontent.com/pod-product-compliance
Lightning Source LLC
Chambersburg PA
CBHW081102240526
45465CB00026B/3278